BEI GRIN MACHT SICH IHR
WISSEN BEZAHLT

- Wir veröffentlichen Ihre Hausarbeit, Bachelor- und Masterarbeit

- Ihr eigenes eBook und Buch - weltweit in allen wichtigen Shops

- Verdienen Sie an jedem Verkauf

Jetzt bei www.GRIN.com hochladen
und kostenlos publizieren

Bibliografische Information der Deutschen Nationalbibliothek:

Die Deutsche Bibliothek verzeichnet diese Publikation in der Deutschen National-
bibliografie; detaillierte bibliografische Daten sind im Internet über http://dnb.d-
nb.de/ abrufbar.

Impressum:

Copyright © 2004 GRIN Verlag, Open Publishing GmbH
Druck und Bindung: Books on Demand GmbH, Norderstedt Germany
ISBN: 9783668271357

Chrysanth Herr, Alexander Reichardt, Mario Lotze, Christian Weiß

Zinseszinsrechung und Abschreibung

GRIN Verlag

EUROPEAN BUSINESS SCHOOL

Schloss Reichartshausen

International University

Seminararbeit

im Rahmen des Seminars Finanzmathematik

WS 2004/05

Zinseszinsrechnung

Abschreibung

Namen: **Chrysanth Herr**   **Mario Lotze**   **Alexander Reichardt**   **Christian Weiß**

Inhaltsverzeichnis

Anmerkung: Die vorliegende Arbeit bezieht sich neben den anderen angegeben Quellen hauptsächlich auf: Finanzmathematik von Robert Bosch, erschienen im Oldenbourg Verlag.

Abbildungsverzeichnis

Abbildung I: Selbst erstellt

Abbildung II: Übernommen aus: Thommen, Jean-Paul/Achleitner, Ann-Kristin: Allgemeine Betriebswirtschaftslehre, Seite 397

Abbildung III: Selbst erstellt nach: Thommen, Jean-Paul/Achleitner, Ann-Kristin: Allgemeine Betriebswirtschaftslehre, Seite 400/401

Symbolverzeichnis

Die folgenden Bezeichnungen und Symbole werden in dieser Seminararbeit verwendet

Symbol	Bedeutung
A_t	Absoluter, jährlicher Abschreibungsbetrag im Jahr t
a_t	Relativer Abschreibungssatz im Jahr t
B_0	Barwert
E_n^v	Am Beginn der Periode n eingezahltes Kapital
E_n^n	Am Ende der Periode n eingezahltes Kapital
I_t	Wert zur Zeit t
K_0	Anfangswert (= Barwert)
K_n	Kapital nach n Perioden
Le_t	In t abgegebene Leistungseinheiten
LE	Gesamte, abzugebende Leistungseinheit
L_n	Liquidationserlös nach n Jahren
M	Anzahl der Perioden, in die ein Jahr unterteilt wird
N	Laufzeit in Jahren
P	Jahreszinssatz
p_{eff}	Effektiver Zinssatz
Q	Aufzinsungsfaktor
Z_n	Jährliche Zinsen

1. Zinseszinsrechnung

1.1 Einleitung

Die Zinseszinsrechnung ist eine der Grundlagen der Finanzmathematik. Obwohl in der Schule meist schon behandelt, findet die Zins- und Zinseszinsrechnung auch in der Betriebswirtschaftlehre – wenn auch in erweiterter Form – Anwendung. Auch im alltäglichen Leben trifft man häufig auf Zins- und Zinseszinsrechnung:

Ob es nun um eine einfache Überlegung über die Erträge eines Sparbuchs, oder um komplizierte Anlageberechnungen geht, erkennt man schnell: Schon bei einigen entsprechenden Parametern entwickelt sich die zu Anfangs meist sehr einfache Rechnung in Form der Zinsrechnung (wie viel Geld „erspart" man, wenn 1000 € für 1 Jahr zu einem Zinssatz von 5% angelegt werden) zu wesentlich komplexeren Berechnungen, die nicht ohne Weiteres – und schon gar nicht im Kopf – zu lösen sind. Bei diesen Parametern handelt es sich allerdings nicht um sonderlich ausgefallene Gegebenheiten, sondern um alltägliche Dinge, wie die Einzahlung und Auszahlung während des Jahres, die Verzinsung der Zinsen und die Veränderung des Zinssatzes. Die folgenden Ausführungen sollen die verschiedenen Möglichkeiten der Zinseszinsrechnung aufzeigen, erläutern und an Hand von Beispielen anschaulich machen.

1.2 Einmalige Einzahlung mit Zinseszins

Diese einfachste Form der Zinseszinsrechnung ist elementarer Bestandteil des Schullehrstoffes. Hierbei wird das das Grundkapital und auch die auf das Grundkapital geleisteten Zinserträge der vergangenen Periode verzinst. Im Vergleich zur Zinsrechnung ohne Zinseszins kommt hier die Potenzrechnung zum Einsatz, um die Verzinsung des Zinses darzustellen. Bei der Zinseszinsrechnung wird mit dem Aufzinsungsfaktor q gerechnet, und es gilt:

$$q = \left(1 + \frac{p}{100}\right) \quad \wedge \quad K_1 = K_0 \cdot q$$

Durch die Verwendung von q in Verbindung mit der Potenzrechnung, also q^n, wird der Tatsache Rechnung getragen, dass bei der Zinseszinsrechnung das Ausgangskapital für n=2 Jahre nicht mit dem zweifachen Zinswert multipliziert darf, sondern mit q^2 gerechnet werden muss. (Für p = 5% muss also mit q=1,0025 anstatt mit 1,10 gerechnet werden. Hierbei wird die Differenz mit ansteigendem n immer größer.) Für dieses Beispiel ergibt sich folgende Formel[1]:

$$K_2 = K_1 \cdot \left(1 + \frac{p}{100}\right) = K_0 \cdot \left(1 + \frac{p}{100}\right)^2 = K_0 \cdot q^2$$

Oder allgemein:

(2)[2]
$$K_n = K_0 \cdot \left(1 + \frac{p}{100}\right)^n = K_0 \cdot q^n$$

Durch Auflösen von (2) nach K_0, n bzw. p ist es bei der Zinseszinsrechnung möglich – vorausgesetzt die restlichen drei Größen sind gegeben – den Barwert, die Laufzeit und den Zinssatz auszurechnen.

Die Termumformungen zum Errechnen des Barwertes unterscheiden sich prinzipiell nicht von denen bei der „einfachen Zinsrechnung", so dass sich folgende Formel ergibt[3]:

$$B_0 = \frac{K_n}{\left(1 + \frac{p}{100}\right)^n}$$

Auffällig im Vergleich zur Zinsrechnung ohne Zinseszins sind hier natürlich die Potenzen. Diese sind es auch, die bei der Auflösung von (2) zur Errechnung der Laufzeit oder des Zinssatzes die Verwendung des Logarithmus[4] bzw. des Wurzelziehens[5] notwendig machen. Schließlich erhält man durch Umformung folgende Formeln:

$$p = 100 \cdot \left[\left(\frac{K_n}{K_0}\right)^{\frac{1}{n}} - 1\right]$$

bzw.

$$n = \frac{\lg\left(\frac{K_n}{K_0}\right)}{\lg\left(1 + \frac{p}{100}\right)}$$

---

[1] Siehe Beispiel 1.1 im Anhang

[2] Bosch, Finanzmathematik, S.19

[3] Siehe Beispiel 1.2 im Anhang

[4] Vgl.: Mehler-Bicher, Mathematik für Wirtschaftswissenschaftler, S. 36

[5] Vgl.: Mehler-Bicher, Mathematik für Wirtschaftswissenschaftler, S. 34

Durch die Einführung des Zinseszinses ergeben sich allerdings nicht nur mathematische Veränderung, sondern es müssen auch völlig neue Dinge in Betracht gezogen werden. Bei der Zinseszinsrechnung kann es erhebliche Auswirkungen haben, je nach dem, wie oft das Gesamtkapital einschließlich inzwischen angefallener Zinsen pro Jahr verzinst wird, d.h., wie oft die Zinszahlungen erfolgen, auf die dann wieder Zinseszins gezahlt wird. Bei m gleichlangen Perioden, in die ein Jahr unterteilt wird, ergibt sich nach jeder Periode m eine anteilige Zinszahlung $\frac{p}{m}\%$. $\frac{p}{m}$ wird als konformer Zinssatz des nominellen Jahreszinssatzes p bezeichnet. Nach $\frac{1}{m}$ des Jahres erhöht die erste Zinszahlung das angelegt Kapital.

Dies hat zur Folge, dass nach Ablauf der nächsten $\frac{1}{m}$-ten Periode die Zinszahlung etwas höher ausfällt. Aufgrund des Zinseszinses ist klar, dass der Zinseszinseffekt mit steigendem m immer größer wird.

Folgendes Diagramm dient zur Veranschaulichung des Unterschiedes zwischen Anlagen ohne Zinseszins, mit Zinseszins und mit Zinseszins und unterjähriger Verzinsung:

Abbildung I[6]

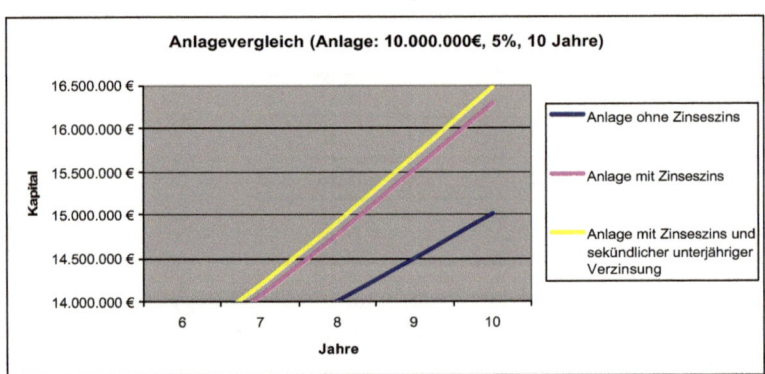

Bei der Zinseszinsrechnung mit **unterjähriger Verzinsung**[7] ergeben sich folgende Kapitalwerte nach k Perioden des in m Abschnitte eingeteilten Jahres, bzw. nach n Jahre:

$$K_{\frac{k}{m}} = K_0 \cdot \left(1 + \frac{p}{100m}\right)^k \qquad \text{bzw.} \qquad (3) \qquad K_n = K_0 \cdot \left(1 + \frac{p}{100m}\right)^{m \cdot n}$$

---

[6] Der Verlauf des Diagramms von Jahr 1 – 5 wurde ausgeblendet, um die unterschiedlichen Verläufe der Graphen gegen Ende der Laufzeit besser aufzeigen zu können

[7] Vgl.: Mehler-Bicher, Mathematik für Wirtschaftswissenschaftler, S. 183

Nach Termumformung von (3) können bei drei gegebenen Variablen der Barwert, der Jahreszinssatz und auch die Laufzeit berechnet werden. Die sich ergebenden Formeln lauten:

$$B_0 = K_0 = \frac{K_n}{\left(1 + \dfrac{p}{m}\right)^{m \cdot n}} \quad \text{bzw.}$$

$$p = 100 \cdot m \left[\left(\frac{K_n}{K_0}\right)^{\frac{1}{m \cdot n}} - 1 \right] \quad \text{und} \quad n = \frac{\lg\left(\dfrac{K_n}{K_0}\right)}{m \cdot \lg\left(1 + \dfrac{p}{100 \cdot m}\right)}$$

Ein Kapital, dass mit dem Zinssatz p nur einmal jährlich verzinst wird, liefert demzufolge einen geringeren Zinsertrag, als ein Kapital, dass mit dem m-ten Teil von p pro Jahr m-mal verzinst wird. Den Jahreszinssatz, der bei einmaliger Verzinsung zum gleichen Endwert führt wie eine m-malige Verzinsung mit dem konformen Zinssatz $\frac{p}{m}$, nennt man *effektiven Jahreszins*.

Bei der Berechnung von p_{eff} aus $\frac{p}{m}$ gilt, dass beide Endwerte gleich sein müssen[8]:

$$K_0 \cdot \left(1 + \frac{p}{100\,m}\right)^m = K_0 \cdot \left(1 + \frac{p_{eff}}{100}\right)$$

Daraus ergibt sich für

(4) $$p_{eff} = 100 \cdot \left[\left(1 + \frac{1}{100} \cdot \frac{p}{m}\right)^m - 1 \right] \quad und \quad \frac{p}{m} = 100 \cdot \left[\left(1 + \frac{p_{eff}}{100}\right)^{\frac{1}{m}} - 1 \right]$$

Für den Fall $m \to \infty$, nähert sich der Aufzinsungsfaktor $b_m = \left(1 + \frac{p}{100m}\right)^m$ immer mehr der

Zahl $e^{\frac{p}{100}}$ an, im Sonderfall p = 100%, nähert sich die jährliche Verzinsung e an. Anstatt einer Verdoppelung pro Jahr, wäre also eine Ver-e-fachung (ungefähr 2,718) zu erzielen. Man spricht hier von **stetiger Verzinsung**[9].

---

[8] Siehe Beispiel 1.3 im Anhang

[9] Mehler-Bicher, Mathematik für Wirtschaftswissenschaftler, S.184

1.3 Regelmäßige Einzahlung mit Zinseszins

1.3.1 Einzahlungen am Anfang/Ende eines Jahres bei jährlicher Verzinsung

Um das Modell weiter der Realität anzupassen, muss auch die Möglichkeit der regelmäßigen Einzahlung gegeben sein. Diese kann entweder *vor*- oder *nachschüssig*, also am Anfang oder am Ende einer Periode, oder unterjährig erfolgen. Um mit der einfachen Variante zu beginnen, soll hier zuerst die vor- oder nachschüssige Einzahlung erörtert werden. Es wird weiterhin angenommen, dass am Ende eines jeden Jahres das zu Beginn des Jahres vorhandene Kapital mit p% verzinst wird.

Das vorschüssig eingezahlte Kapital E_1^v $(=K_0)$ wird n-mal, E_2^v (n-1)-mal verzinst, usw.

Hieraus ergibt sich

$$K_n = E_1^v \cdot q^n + E_2^v \cdot q^{(n-1)} + \ldots + E_n^v \cdot q \quad \Rightarrow \quad \sum_{k=1}^{n} E_k^v \cdot q^{n-k+1}$$

Für den Spezialfall, dass alle E_n^v gleich sind, ergeben $(q^{(n-1)} + q^{(n-2)} + \ldots + 1)$ eine geo-

metrische Reihe [10], so dass K_n auch als $\boxed{K_n = E \cdot q \cdot \dfrac{q^n - 1}{q - 1}}$ ausgedrückt werden kann[11].

Wie zuvor können bei entsprechend gegebenen Variablen auch Einzahlungsbetrag (E) oder Laufzeit (n) berechnet werden. Nach Termumformung ergeben sich[12]:

$$\boxed{E = K_n \cdot \frac{q-1}{q \cdot (q^n - 1)}} \qquad \text{und} \qquad \boxed{n = \frac{\lg\left(1 + \dfrac{q-1}{E \cdot q} \cdot K_n\right)}{\lg q}}$$

Bei nachschüssigen Einzahlungen (E_n^n) muss im Vergleich zu vorschüssigen Einzahlungen berücksichtigt werden, dass jeder Betrag einmal weniger verzinst wird; ansonsten ergibt sich keine Veränderung bei der Berechnung von K_n:

$$K_n = E_1^n \cdot q^{n-1} + E_2^n \cdot q^{n-2} + \ldots + E_n^n \quad \Rightarrow \quad \sum_{k=1}^{n} E_k^n \cdot q^{n-k}$$

Für den Spezialfall der gleich bleibenden Einzahlungen ergibt sich unter erneuter zur

Hilfennahme der Formel für geometrische Reihen $\boxed{K_n = E \cdot \dfrac{q^n - 1}{q - 1}}$

---

[10] Bosch, Finanzmathematik, S. 29

[11] Siehe Beispiel 1.4 im Anhang

[12] Siehe Beispiel 1.5 im Anhang

Für die Berechnung des gleich bleibenden Einzahlungsbetrages und der Laufzeit ergeben

sich somit analog:

$$E = K_n^n \cdot \frac{q-1}{q^n-1}$$

und

$$n = \frac{\lg\left(1 + \frac{q-1}{E} \cdot K_n\right)}{\lg q}$$

Ein gleich bleibender Einzahlungsbetrag, der zudem noch jährlich geleistet wird, oft sogar vorschüssig, ist eine Prämie für eine Kapitallebensversicherung. Mit Hilfe der oben angegebenen Formel kann man mit seiner statistischen Restlebenserwartung als n und einem angenommenen Zinsfaktor q = 1,05 (entspricht der ungefähren Verzinsung des Kapitals an den Märkten) seinen ganz persönlichen Auszahlungsbetrag berechnen. Die Differenz dessen mit dem von der Versicherung versprochenen ist die Gebühr des Unternehmens!

1.3.2 Unterjährige Einzahlungen bei jährlicher Verzinsung

Die in Punkt 1.3 bereits eingeführten unterjährigen Einzahlungen sollen an dieser Stelle nun auch mit den regelmäßigen Einzahlungen in Verbindung gebracht werden. So soll angenommen werden, dass jedes Jahr wiederum in m gleich lange Teile zerlegt wird und Einzahlungen jeweils zu Beginn oder zum Ende jeder dieser Perioden vorgenommen werden können. Weiterhin soll hier von immer gleich großen Einzahlungen E ausgegangen werden. Für vorschüssige Einzahlungen ergibt sich, dass das unterjährig eingezahlte Kapital mit

$\frac{k}{m} \cdot p\%$ (k = 1,2,...,m) verzinst wird. Für die m-te Einzahlung erhält man letztend-

lich $Z_n = \frac{(m+1) \cdot p}{200} \cdot E$. Für die letztendliche Berechnung eines Kontostandes K_n muss

berücksichtigt werden, dass zu den Zinserträgen noch die eigentlichen Einzahlungsbeträge hinzuaddiert werden müssen, und dass in jedem Folgejahr K_{n+1} das gesamte Kapital K_n voll mit p% verzinst wird. Für den Kontostand nach n Jahren erhält man

$$K_n = E \cdot \left[m + \frac{(m+1) \cdot p}{200} \right] \cdot (1 + q + ... + q^{n-1}) \quad \text{bzw. wiederum unter Anwendung der Formel}$$

für geometrische Reihen[13]

$$K_n = E \cdot \left[m + \frac{(m+1) \cdot p}{200} \right] \cdot \frac{q^n-1}{q-1}$$

---

[13] Siehe Beispiel 1.6 im Anhang

Bei nachschüssigen Einzahlungen wird das eingezahlte Kapital einmal weniger als bei vor-

schüssigen Einzahlungen verzinst, so dass sich $Z_n = \dfrac{(m-1) \cdot p}{200} \cdot E$ ergibt. Für K_n erhält

mal weiterhin

$$\boxed{K_n = E \cdot \left[m + \frac{(m-1) \cdot p}{200} \right] \cdot \frac{q^n - 1}{q - 1}}$$

1.3.3 Unterjährige Verzinsung bei regelmäßigen jährlichen Einzahlungen

Wenn bei regelmäßigen jährlichen Einzahlungen das Guthaben unterjährig verzinst wird, muss zunächst der effektive Jahreszinssatz p_{eff} berechnet werden. Wie schon in Punkt 1.2 erörtert, kann dies mit Formel (4) erfolgen. Anschließend kann wie unter Punkt 1.3.1 verfahren werden, wobei p durch p_{eff} substituiert wird.

1.3.4 Unterjährige Einzahlungen bei unterjährigen Verzinsungen

Für den Fall, dass nicht nur die Verzinsung, sondern auch die Einzahlungen unterjährig erfolgen, können wiederum die Formeln aus 1.3.1 verwendet werden. Hierbei wird allerdings mit dem konformen Zinssatz $\dfrac{p}{m}$ gerechnet, und die Verzinsung nicht auf ein Jahr, sondern auf den m-ten Teil kalkuliert.

1.4 Schlussworte

Die Zinseszinsrechnung spielt bei der Wahl der richtigen Anlageentscheidung eine große Rolle. Möchte man die jährlichen Zinsen für konsumtive Zwecke gebrauchen, so ist nur die einfach Zinsrechnung von Nöten. Mit ihrer Hilfe kann der jährliche Zusatzkonsum ausgerechnet werden. Für diese Anlageform wären Bundesschatzbriefe zu nennen, die einen jährlichen Zinsertrag ausschütten und nicht thesaurieren.

Bei vielen Fonds wird die anteilige Dividendenzahlung jedoch nicht ausgeschüttet, sondern wieder in dieselbe Anlageform re-investiert. Eine ähnliche Gestaltung bieten auch Zero-Bonds-Anleihen, die die jährlichen Zinszahlungen wieder anlegen und am Ende der Laufzeit inklusive aller angefallenen Zinszahlungen und Zinseszinseffekten ausschütten. Diese Anlageformen sind empfehlenswert, wenn bis zu einem bestimmten Zeitpunkt möglichst viel Geld angespart werden soll. Wenn z.B. für die Finanzierung eines Studiums oder eines Hauses erst in mehreren Jahren eine große Summe Geld benötigt wird, bietet diese Anlageform deshalb komparative Vorteile durch den höchstmöglichen Ertrag.

Wie schon erwähnt, sind Kapitallebensversicherungspolicen ein gutes Beispiel für Anlagemöglichkeiten mit Zinseszinseffekt und jährlichen, entweder vorschüssigen oder nachschüssigen Einzahlungen. Ein einfaches Sparkonto, auf das unterjährig unterschiedlich hohe

Summen eingezahlt werden, wäre ein Beispiel für das unter 1.3.2 vorgestellte Verfahren. Diese Formen eigenen sich zur Bildung einer Altersvorsorge (wie z.b. Lebensversicherungen), oder aber auch für kurzzeitige Ersparnisbildung wie im Falle des Sparbuchs. Bei diesem kann sehr flexibel über das Ersparte verfügt werden und Überschüsse rasch und effektiv angelegt werden.

Es ist ersichtlich, dass die Wahl des adäquaten Verfahrens sehr von der persönlichen Anlagepräferenz abhängt, die wiederum von der ersehnten Flexibilität der Verfügbarkeit beeinflusst wird.

2. Abschreibungen

2.1 Einleitung

Bei Faktoren mit einer relativ kurzen Lebensdauer fällt es vergleichsweise einfach, die Wertminderung nach Verbrauch den einzelnen Perioden zuzurechnen. Bei Potenzialfaktoren mit relativ langen Lebensdauern stellt sich das Problem, dass sie nicht nur in einer bestimmten Abrechnungsperiode des Leistungserstellungspr ozesses verbraucht werden. Die Wertminderung der Anschaffungs- und Herstellkosten müssen also auf mehrere Perioden des Leistungserstellungsprozesses verteilt werden. Ergibt sich der Wert eines Potenzialfaktors – z.b. einer maschinellen Anlage – aus der Summe der zukünftig zu erwartenden Nutzleistungen, so stellen die Abschreibungen den Verzehr solcher Nutzleistungen in einer Abrechnungsperiode dar. Besonders bei Anlagegegenständen, die einem starken technischen Fortschritt ausgesetzt sind, muss die Nutzungsdauer eher zu kurz als zu lang geschätzt werden; dies ergibt sich aus dem Vorsichtsprinzip. Die Abschrebung ist also die buchhalterische Erfassung eines Werteverzehrs.

Folgende Gründe [14] führen zu Abschreibungen:

1. Verbrauchsbedingte Abschreibungen

- Gebrauchsbedingte Abschreibung
- Natürlicher Verschleiß
- Substanzverringerung (z.B. Steinbruch)
- Wertminderung infolge Katastrophen (z.B. Feuerschäden)

2. Wirtschaftlich bedingte Abschreibung

- Wertminderung durch technischen Fortschritt
- Nachfrageverschiebungen
- Fehlinvestitionen durch Fehleinschätzungen
- Sinkende Wiederbeschaffungspreise
- Fallende Absatzpreise

3. Zeitlich bedingte Abschreibungen

- Ablauf von Patenten

---

[14] Vgl.: Wöhe, Einführung in die Allgemeine Betriebswirtschaftslehre, S. 894 Abb. 58

2.2 Abschreibungsarten

Im Hinblick auf ihre Verrechnung lassen sich unterscheiden:

- Direkte Abschreibungen
- Indirekte Abschreibungen

Bei den direkten Abschreibungen werden die Abschreibungsbeträge unmittelbar auf die entsprechenden Anlagekonten verbucht. Bei den indirekten Abschreibungen wird ein Wertberichtigungskonto benötigt, auf welches die Abschreibungsbeträge gebucht werden.

Eine weitere Unterscheidung kann hinsichtlich der Zielsetzung vorgenommen werden:

- Bilanzielle Abschreibungen
- Kalkulatorische Abschreibungen

Die bilanziellen Abschreibungen sind auf Basis gesetzlicher Vorschriften, insbesondere HGB und EStG, vorzunehmen. Die Bemessungsgrundlage sind Anschaffungs- und Herstellkosten. Die kalkulatorischen Abschreibungen verfolgen keine externen Zwecke, sondern dienen der internen Kostenrechnung. Sie helfen den verursachungsgerechten Werteverzehr zu ermitteln. Dabei müssen nicht die Anschaffungs- oder Herstellkosten als Bemessungsgrundlage gewählt werden.

2.3 Abschreibungsverfahren

Grundsätzlich stehen folgende Verfahren zur Berechnung der jährlichen Abschreibungen zur Verfügung:

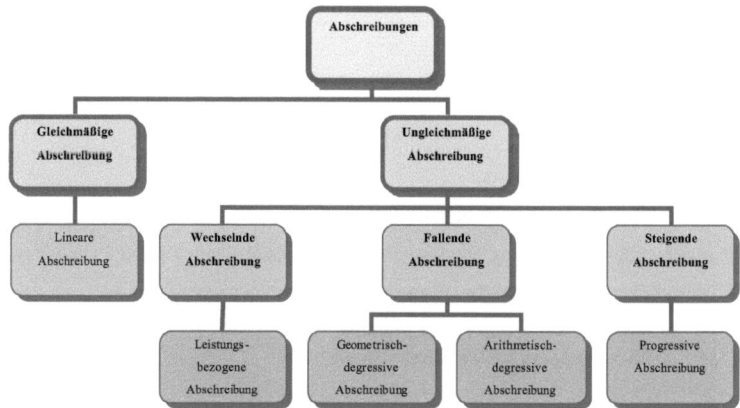

Abbildung II: Abschreibungsverfahren

Abschreibung nach Zeit

Abschreibungen werden auf Grund der voraussichtlichen Nutzungsdauer der Betriebsmittel berechnet. Die erstellten Leistungen der Betriebsmittel sind für den Abschreibungsbetrag unbedeutend. Durch die Wahl eines entsprechenden Abschreibungsverfahrens kann der Verlauf des Wertverzehrs über die Abschreibungsperiode berücksichtigt werden. Man unterscheidet zwischen folgenden Verfahren:

- Lineare Abschreibung
- Degressive Abschreibung
- Progressive Abschreibung

Abschreibung nach der Leistungsabgabe

Die effektive Inanspruchnahme der Betriebsmittel, d.h. die Menge der in einer Abrechnungsperiode mit dem abzuschreibenden Wirtschaftsgut produzierten Leistung (z.b. Maschinenstunden, km-Leistung, Stückzahl) ergeben die Abschreibungen.

2.3.1 Lineare Abschreibung [15]

Bei der linearen Abschreibung wird der Basiswert eines Anlagegutes über die vorrausichtliche Nutzungsdauer gleichermaßen auf die Perioden verteilt.

Aus $A_t = \dfrac{I_0 - L_n}{n} = \dfrac{1}{n}(I_0 - L_n)$ und $a_t = \dfrac{A_t}{I_0 - L_n} \cdot 100 = \dfrac{100}{n}$ ergibt sich

$$\boxed{A_t = \frac{a_t}{100}(I_0 - L_n)}$$

Handelsrechtlich sowie steuerrechtlich sind lineare Abschreibungen nach § 253 HGB und nach § 7 Abs. 1 EStG erlaubt.

2.3.2 Degressive Abschreibung

Bei der degressiven Abschreibung fällt der Abschreibungsbetrag in den ersten Jahren höher aus als in den späteren Jahren. Der Basiswert wird ungleichmäßig über die Perioden verteilt. Die degressiven Abschreibungen lassen sich in zwei Formen unterscheiden:

- **Geometrisch-degressive Abschreibung**
- **Arithmetisch-degressive Abschreibung**

---

[15] Siehe Beispiel 2.1 im Anhang

Geometrisch-degressive Abschreibung [16]

Bei der geometrisch-degressiven Abschreibung wird jährlich um den gleichen Prozentsatz abgeschrieben, jedoch wird hierbei nicht von ursprünglichen Anschaffungskosten, sondern vom jeweiligen Restwert ausgegangen.

Wenn man von der gleicher Nutzungsdauer ausgeht, muss demnach der Prozentsatz bei der geometrisch-degressiven Abschreibung höher sein als bei der linearen Abschreibung.

$$A_t = \frac{\overline{a_t}}{100}(I_{t-1})$$ wobei $\overline{a_1} = \overline{a_2} = ... = \overline{a_n}$; d.h. $\overline{a_n}$ = konstant

Der Abschreibungsprozentsatz errechnet sich aus dem am Ende der Abschreibungsdauer noch erzielbaren Liquidationserlös L_n .

Da sich der Liquidationserlös oder auch der Wert des Betriebsmittels am Ende der Nutzungsdauer als $L_n = I_n = I_0(1-\frac{\overline{a_t}}{100})^n$ berechnen lässt, ergibt sich der Abschreibungssatz

$$\overline{a_t} : \quad a_t = 100(1 - \sqrt[n]{\frac{I_n}{I_o}})$$

Handelsrechtlich ist die **geometrisch-degressive Abschreibung** nach § 253 HGB [17] erlaubt. Steuerrechtlich ist sie nach § 7 Abs. 2 EStG nur unter folgenden Bedingungen erlaubt:

- Bei beweglichen Gütern des Anlagevermögens
- Maximal mit dem zweifachen Satz der linearen Abschreibung, höchstens jedoch 20%
- Bei Anschaffung/Herstellung vor 2001: maximal dreifacher Satz der linearen Abschreibung und höchstens 30%

Arithmetisch-degressive Abschreibung [18]

Wie bei der geometrisch-degressiven Abschreibungsmethode sind die einzelnen Abschreibungsbeträge nicht konstant. Sie fallen stets um den gleichen Betrag, den Degressionsbetrag

$$k = A_{t-1} - A_t$$

Die Abschreibung im n-ten Jahr beträgt $A_0 - (n-1) \cdot k = A_n$

Soll auf einen Restverkaufserlös wie bei der linearen Abschreibung in N Jahren abgeschrieben werden, muss der erste Abschreibungsbetrag A₀ bei dieser Methode deutlich größer sein als bei der linearen.

---

[16] Siehe Beispiel 2.1 im Anhang

[17] Vgl. Adler/Düring/Schmalt: Rechnungslegung, §253 HGB, Tz. 395

[18] Siehe Beispiel 2.1 im Anhang

Digitale Abschreibung[19]

Die digitale Abschreibung ist ein Spezialfall der arithmetisch-degressiven Abschreibung.

Sollte der Abschreibungsbetrag im letzten Jahr genau dem Betrag, um den die jährlichen Abschreibungsbeträge abnehmen, entsprechen, so spricht man von einer digitalen Abschreibung. In diesem Fall ist der Degressionsbetrag $k = A_n$ und es ergibt sich:

$$k = \frac{I_0 - L_n}{1 + 2 + \ldots + n} = \frac{I_0 - L_n}{\frac{n(n+1)}{2}} \quad \text{und} \quad A_t \text{ kann berechnet werden als } A_t = k(n - [t-1]).$$

Handelsrechtlich ist die arithmetisch-degressive Abschreibung (und damit auch die digitale) nach § 253 HGB erlaubt; steuerrechtlich ist die arithmetisch-degressive Abschreibung nicht zugelassen.

2.3.3 Weitere Abschreibungsverfahren

Progressive Abschreibung[20]

Beim progressiven Abschreibungsverfahren nehmen die Abschreibungsbeträge von Periode zu Periode zu. Somit ist der Abschreibungsbetrag im ersten Jahr am kleinsten und im letzten Jahr am größten. Dieses Verfahren findet in der Wirtschaft sehr selten Anwendung. Ein Beispiel hierfür wären Reben, die mit zunehmendem Alter quantitativ und qualitativ höhere Erträge bringen. Steuerrechtlich ist dieses Verfahren nicht zulässig.

Leistungsbezogene Abschreibung[21]

Bei der leistungsbezogenen Abschreibung ergeben sich die Abschreibungsbeträge nach der Beanspruchung des Anlagegutes. Die Abschreibungen sind somit abhängig vom Beschäftigungsgrad. Da der Abschreibungsbetrag pro Leistungseinheit

$$a_e = \frac{I_0 - L_n}{LE} \text{ ist, ergibt sich: } \quad A_t = \frac{I_0 - L_n}{LE} Le_t$$

Handelsrechtlich ist die leistungsbezogene Abschreibung nach § 253 HGB[22] erlaubt. Wenn sie wirtschaftlich begründet ist, ist sie bei beweglichen Anlagegegenständen steuerrechtlich nach § 7 Abs. 1 Satz 4 EStG zulässig.

---

[19] Siehe Beispiel 2.1 im Anhang

[20] Vgl. hierzu: Wöhe, Günter: Einführung in die Allgemeine Betriebswirtschaftslehre, Seite 899

[21] Siehe Beispiel 2.1 im Anhang

[22] Vgl. Adler/Düring/Schmalt: Rechnungslegung, §253 HGB, Tz. 395

2.3.4 Geometrisch-degressive zu arithmetisch-degressive Abschreibung

Die Abschreibungsvarianten können in besonderen Fällen auch gewechselt werden. Der Übergang von der geometrisch-degressiven zur linearen Abschreibung ist dann vorteilhaft, wenn sich dadurch die jährlichen Abschreibungssätze erhöhen.

Es gilt also:

$$A \cdot (1 - \frac{p}{100})^m \cdot \frac{p}{100} \prec A \cdot (1 - \frac{p}{100})^m \cdot \frac{1}{N - m}$$

Hieraus folgt:

$$N - m \prec \frac{100}{p} \quad \text{und} \quad m \succ N - \frac{100}{p}$$

m = letztes Jahr der geometrisch-degressiven Abschreibung; m minimal
n = letztes Jahr der linearen Abschreibung auf 0

2.4 Effekte durch Abschreibungen[23]

Als erster Effekt, der sich aus der Abschreibung ergibt, wäre der Kapitalfreisetzungseffekt zu nennen. Da bilanzielle Abschreibungen als Aufwand verbucht werden, hat dies zur Folge, dass der ausweisbare Periodengewinn verringert wird. Gewinnanteile werden demnach weder ausgeschüttet noch besteuert. Wenn man nun unterstellt, dass die aufwandgleichen bilanziellen Abschreibungen durch die Verkaufserlöse wieder voll zufließen sowie die aufwandgleichen Selbstkosten der abgesetzten Leistungen im Preis voll ersetzt werden, kommt es zu einer Erhöhung der liquiden Mittel in Höhe des Abschreibungsaufwandes. Dieser kann dann zu Finanzierungszwecken verwendet werden.

Als zweiter Effekt ist der Kapazitätserweiterungseffekt zu nennen. Unter dem Kapazitätserweiterungseffekt versteht man die Wirkung, die sich daraus ergibt, wenn freigesetzte Abschreibungsgegenwerte sofort zu Neuinvestitionen gleichwertiger Anlagen verwendet werden. Hier kann sich theoretisch eine Kapazitätenerweiterung ergeben, die von der Nutzung abhängt.

---

[23] Zur genaueren Darstellung und Berechnung der Effekte siehe: Olfert, Reichel, Finanzierung, S. 379f

2.5 Schlussworte

Abschreibungen sind zur genaueren und gerechteren Darstellung der wirtschaftlichen Lage einer Unternehmung von Nöten, ebenso müssen die Erkenntnisse der Abschreibung in die richtige Kalkulation der Preise mit einfließen. Wie jedoch gezeigt wurde, sind die Ergebnisse der Abschreibungskalkulation sehr unterschiedlich, so dass die Wahl des „richtigen" Verfahrens essentiell ist. Welches das richtige Verfahren ist, lässt sich nur im Hinblick auf das verfolgte Ziel beantworten. Soll der Gewinn aus steuerlichen Gründen gemindert werden, ist natürlich das nach EStG erlaubte Verfahren zu wählen, welches den höchsten Abschreibungsbetrag errechnet. Soll jedoch aufgrund eines geplanten Börsengangs der Gewinn sehr hoch ausgewiesen werden, ist das handelsrechtliche Verfahren mit dem niedrigsten Abschreibungsbetrag zu bevorzugen.

Deshalb gilt: Alle möglichen Werte sollten mit allen Verfahren errechnet werden und dann das Verfahren gewählt werden, dass den nach der Zielsetzung optimalen Abschreibungsbetrag ergibt. Dabei sind aber natürlich die gesetzlichen Regelungen, insbesondere das Kontinuitätsprinzip, zu beachten, das eine Veränderung des Abschreibungsverfahrens ohne zwingende Gründe verbietet.

Anhang

1. Beispiele zu der Zinseszinsrechnung

1.1 Beispiel: Einmalige Einzahlung mit Zinseszins [24]

Jemand legt 20.000 € zu 5,5% mit Zinseszins an. Bei jährlicher Verzinsung lautet der Kontostand nach 25 Jahren

$$K_{25} = 20.000 \cdot 1,055^{25} = 76.267,85€$$

1.2 Beispiel: Berechnung des Barwerts [25]

Welcher Betrag muss zu 6,5% bei jährlicher Verzinsung angelegt werden, damit daraus nach 12 Jahren 30.000 € werden?

$$K_0 = \frac{30.000€}{1,065^{12}} = 14.090,49€$$

1.3 Beispiel: Berechnung des effektiven Zinssatzes [26]

Ein Kapital werde vierteljährlich mit jeweils 1% verzinst. Mit m=4 und $\frac{p}{m}=1$ erhält man den zugehörigen effektiven Jahreszinssatz $p_{eff} = 100 \cdot \left[\left(1 + \frac{1}{100}\right)^4 - 1 \right] = 4,0604\%$

1.4 Beispiel: Regelmäßige Einzahlung mit Zinseszins (vorschüssige Einzahlung) [27]

Ein Bausparer zahlt jeweils zum Jahresbeginn 1.000€ auf einen Bausparvertrag ein. Die Verzinsung erfolgt jeweils zum Jahresende mit 3% (Zinseszins). Dann beträgt das Guthaben nach 15 Jahren

$$K_{15} = 1000 \cdot 1,03 \cdot \frac{1,03^{15} - 1}{0,03} - 19.156,88€.$$

---

[24] Bosch, Finanzmathematik, S. 17

[25] Bosch, Finanzmathematik, S. 19

[26] Bosch, Finanzmathematik, S. 24

[27] Bosch, Finanzmathematik, S. 29

1.5 Beispiel: Regelmäßige Einzahlungen mit Zinseszins, Berechnung der Laufzeit (vorschüssige Einzahlung)[28]

Ein Sparer zahlt jeweils zu Beginn eines Jahres 5.000 € auf ein Konto ein. Nach wie viel Jahren ist bei einem Jahreszinssatz von 4% mit Zinseszins ein Kontostand von mindestens 100.000€ erreicht?

$$n \geq \frac{\lg\left(1 + \frac{0,04}{5000 \cdot 1,04} \cdot 100.000\right)}{\lg 1,04} = 14,55 Jahre \qquad K_{14} \prec 100.000 \prec K_{15}$$

1.6 Beispiel: Unterjährige Einzahlung bei jährlicher Verzinsung (vorschüssig)[29]

Nach dem 936 Mark-Gesetz zahlt ein Sparer 6 Jahre lang jeweils zum ersten eines jeden Monats 78 DM auf ein Sparbuch ein. Die Verzinsung erfolge jährlich mit 6%. Nach 7 Jahren kann er über das gesamte Guthaben verfügen.

Gesucht ist dieses Guthaben G. Mit m)12 und E=78 erhält man das Guthaben nach 6

Jahren als $K_6 = 78\left[12 + \frac{13 \cdot 6}{200}\right] \cdot \frac{1,06^6 - 1}{0,06} = 6741,09\, DM$

2. Beispiele zu den Abschreibungsverfahren

2.1 Beispiel[30]

Anschaffungskosten einer Maschine: 105.000 EUR

Voraussichtliche Nutzungsdauer: 5 Jahre

Liquidationserlös am Ende des 5. Jahres: 5.000 EUR

Menge, die insgesamt hergestellt werden kann: 1,8 Mio. Stück

Aufteilung der gesamten Leistungsmengen auf 5 Jahre:

1.Jahr: 300.000 Stück

2.Jahr: 500.000 Stück

3.Jahr: 400.000 Stück

4.Jahr: 450.000 Stück

5.Jahr: 150.000 Stück

---

[28] Bosch, Finanzmathematik, S. 30

[29] Bosch, Finanzmathematik, S. 33

[30] Thommen, Jean-Paul/Achleitner, Ann-Kristin, Allgemeine Betriebswirtschaftslehre, S. 400f

a_t = Abschreibungssatz A_t = Abschreibungsbetrag $\overline{a}_t$ = konstanter Abschreibungssatz

1. Lineare Abschreibung	Jahr	a_t	A_t	Zeitwert
	0			105.000,00
	1	20,00%	20.000,00	85.000,00
	2	20,00%	20.000,00	65.000,00
	3	20,00%	20.000,00	45.000,00
	4	20,00%	20.000,00	25.000,00
	5	20,00%	20.000,00	5.000,00
		100,00%	100.000,00	

2. Arithmetisch-degresseve Abschreibng (mögliche Werte)	Jahr	a_t	A_t	Zeitwert
	0			105.000,00
	1	30,00%	30.000,00	75.000,00
	2	25,00%	25.000,00	50.000,00
	3	20,00%	20.000,00	30.000,00
	4	15,00%	15.000,00	15.000,00
	5	10,00%	10.000,00	5.000,00
		100,00%	100.000,00	

3. Arithmetisch-progressive Abschreibung (mögliche Werte)	Jahr	a_t	A_t	Zeitwert
	0			105.000,00
	1	10,00%	10.000,00	95.000,00
	2	15,00%	15.000	80.000,00
	3	20,00%	20.000,00	60.000,00
	4	25,00%	25.000,00	35.000,00
	5	30,00%	30.000,00	5.000,00
		100,00%	100.000,00	

4. Digitale Abschreibung	Jahr	a_t	A_t	Zeitwert
	0			105.000,00
	1	33,33%	33.333,33	71.666,67
	2	26,67%	26.666,67	45.000,00
	3	20,00%	20.000,00	25.000,00
	4	13,33%	13.333,33	11.666,67
	5	6,67%	6.666,67	5.000,00
		100,00%	100.000,00	

5. Geometrisch- degressive Abschreibung	Jahr	a_t	$\overline{a_t}$	A_t	Zeitwert
	0				105.000,00
	1	47,89%	45,60%	47.885,63	57.114,37
	2	26,05%	45,60%	26.047,21	31.067,16
	3	14,17%	45,60%	14.168,29	16.898,87
	4	7,70%	45,60%	7.706,79	9.192,08
	5	4,19%	45,60%	4.192,08	
		100,00%		100.000,00	

6. Abschreibung nach Leistungsabgabe	Jahr	a_t	A_t	Zeitwert
	0			105.000,00
	1	16,67%	16.666,67	88.333,33
	2	27,78%	27.777,78	60.555,55
	3	22,22%	22.222,22	38.333,33
	4	25,00%	25.000,00	13.333,33
	5	8,33%	8.333,33	5.000,00
		100,00%	100.000,00	

Zur Darstellung des genannten Beispiels soll folgende Graphik dienen:

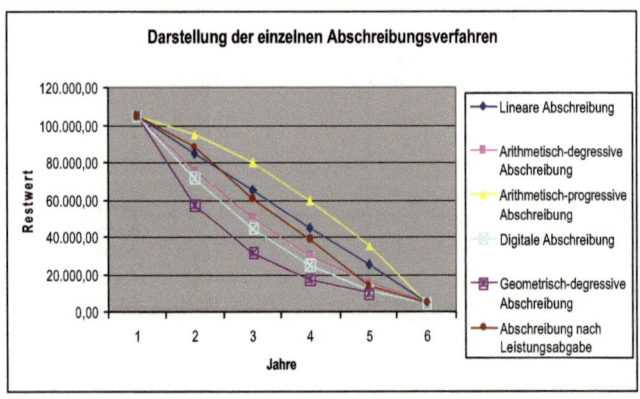

Abbildung III

2.2 Beispiel[31]: Übergang von geometrisch-degressiven zur linearen Abschreibung

Eine Maschine mit dem Anschaffungswert von 50.000 Euro soll in 15 Jahren auf 0 abgeschrieben werden und zwar m Jahre lang geometrisch-degressiv mit jeweils 14% vom Restwert und danach linear. Das für den Betrieb optimale m erhält man aus der obigen Formel als kleinste natürliche Zahl mit

$$m \succ 15 - \frac{100}{14}$$

Hieraus kann gefolgert werden m=8. Es ist also für den Betrieb vorteilhaft, nach 8 Jahren von der geometrisch-degressiven zur linearen Abschreibung zu wechseln. Eine weitere Abschreibungsmethode ist die Abschreibung in Staffelsätzen, bei welcher der gesamte Abschreibungszeitraum in einzelne Zeitabschnitte unterteilt wird. Für jeden dieser Zeitabschnitte wird ein gesonderter Abschreibungssatz festgelegt.

---

[31] Bosch, Finanzmathematik, S. 12

Literaturverzeichnis

Adler/Düring/Schmaltz: Rechnungslegung und Prüfung der Aktiengesellschaft, 8 Bde, 6. Aufl., Stuttgart 1995-2001

Bosch, Karl: Finanzmathematik, München, Wien 1987

Mehler-Bicher, Anett: Mathematik für Wirtschaftswissenschaftler, 2. Aufl., München, Wien 2002

Olfert, Klaus/Reichel Christopher: Finanzierung, 12., aktualisierte und verbesserte Aufl., Ludwigshafen 2003

Reinhardt/Soeder: dtv-Atlas zur Mathematik, Bd 1

Reinhardt/Soeder: dtv-Atlas zur Mathematik, Bd 2

Scholl/Drews: Handbuch der Mathematik, München 2001

Thommen, Jean-Paul/Achleitner, Ann-Kristin: Allgemeine Betriebswirtschaftslehre: Umfassende Einführung aus managementorientierter Sicht, 4., überarbeitete und erweiterte Aufl., Wiesbaden 2003.

Wöhe, Günter: Einführung in die allgemeine Betriebswirtschaftlehre, 28. Aufl., München 2003